会 讲 故 事 的 童 书

内 容 提 要

从中国的饺子和春节到瑞典的小红虾和仲夏节，从印度的咖喱和排灯节到西班牙的海鲜饭和三王节，从法国的法棍和巴士底日到埃及的皮塔饼和闻风节，本书向5～12岁的孩子介绍了世界各地22个国家各具特色的食材、美食以及代表性传统节日，孩子可以了解世界各地的美食特点、饮食文化，以及不同饮食文化背后相似的主题——表达爱、分享快乐。

图书在版编目（Ｃ Ｉ Ｐ）数据

香喷喷的环球之旅 / （英）贝丝·沃尔伦德著、绘 ；
夏鸥译. -- 北京 ： 中国水利水电出版社，2022.9
　　（大开眼界）
书名原文：A TASTE OF THE WORLD
ISBN 978-7-5226-0960-7

Ⅰ．①香… Ⅱ．①贝… ②夏… Ⅲ．①饮食－文化－
世界－青少年读物 Ⅳ．①TS971.201

中国版本图书馆CIP数据核字(2022)第156622号

Original Title : A Taste of the World
What People Eat and How They Celebrate Around the World
Illustrated and Written by Beth Walrond
Original edition conceived, edited and designed by gestalten
Edited by Angela Sangma Francis and Robert Klanten
Published by Little Gestalten, Berlin 2019
Copyright © 2019 by Die Gestalten Verlag GmbH & Co. KG
北京市版权局著作权合同登记号：图字01-2022-0651
审图号：GS京（2022）0681号

书　　　名	大开眼界
	香喷喷的环球之旅
	XIANGPENPEN DE HUANQIU ZHILÜ
作　　　者	〔英〕贝丝·沃尔伦德 著/绘　　夏鸥 译
出 版 发 行	中国水利水电出版社
	（北京市海淀区玉渊潭南路1号D座　 100038）
	网址：www.waterpub.com.cn
	E-mail：sales@mwr.gov.cn
	电话：（010）68545888（营销中心）
经　　　售	北京科水图书销售有限公司
	电话：（010）68545874、63202643
	全国各地新华书店和相关出版物销售网点
排　　　版	北京水利万物传媒有限公司
印　　　刷	天津图文方嘉印刷有限公司
规　　　格	240mm×300mm　8开本　10印张　64千字
版　　　次	2022年9月第1版　2022年9月第1次印刷
定　　　价	79.00元

香喷喷的环球之旅

[英] 贝丝·沃尔伦德 著/绘

夏鸥 译

中国水利水电出版社
www.waterpub.com.cn
·北京·

食物的意义在于分享

　　本书介绍了世界各地的人们是怎样烹饪和享用美食的，书中既有可口的日常饮食，也有美味的节日盛宴。每道菜对于它的国家，都有其独特的地位；对于它的制作者来说，都饱含着特殊的感情。

　　与食物有关的风俗和传统可能有几百年，甚至几千年的历史。跟随本书一起踏上世界美食之旅吧，去看看究竟是什么让每个国家的饮食风格各不相同，去发现世界各地那些新鲜奇特、令人大开眼界的食材和佳肴，去了解不同地方的人们是如何通过食物来庆祝节日的。

食物让人们欢聚一堂

目录
CONTENTS

亚洲

土耳其

伊朗

印度

孟加拉湾

印　度　洋

中国

泰国

日本

北太平洋

大米

大米是一种草本植物的种子。它最早生长在中国南方，不过现在已经分布在世界各地。

大米主要分为三类：长粒米、中粒米和短粒米。颜色有白色、黄色、金色、棕色、紫色、红色，还有黑色。

长粒糙米

印度香米

寿司米

意大利圆米

泰国香米

菰（gū）米

大米的种植和收割

1.耕地：先将田地翻耕一遍。

2.插秧：将幼苗一排排整整齐齐地插好，稻田里要灌满水。

3.生长：稻苗开过花后，就会长出小小的稻米。稻米外面包着一层稻壳。

4.收割：到了夏末，稻子就可以收割了。人们将稻草捆起来，放在太阳下晒干。

5.打谷：为了让稻谷从稻秆上脱离下来，人们一般会将其放在坚硬的地面上，用力捶打。

6.簸谷、去壳：将稻米和稻壳的混合物放在簸箕或者篮子里，上下簸动，重的、能吃的稻米会留在簸箕里，而轻飘飘的、不能吃的稻壳就会被风吹走。

中国

中国历史悠久、地大物博，形成了复杂的饮食文化。其深厚的历史文化处处藏着人们对食物的认识。从"问鼎中原"到"庖丁解牛"，从《茶经》到《本草纲目》，从"绿蚁新醅酒"到"黄州好猪肉"，透过书卷香，你总能嗅出食物的香味。

中国地域宽广，从西北的牛羊到东南的海鲜，从高山丛林的松茸菌菇到平原的稻香麦香，不同的食材衍生出不同的做法。人们的口味也有差异，有的地方嗜辣，有的地方爱酸，有的地方偏好甜食。中国人在此基础上形成了八大菜系。

聪明的中国人不仅发明了筷子这种独特的饮食器具，还把大米用在建筑材料上。明长城的一段便是用糯米来粘合的，坚固异常。

这些食物蕴含着美好的愿望

鱼象征着"年年有余"

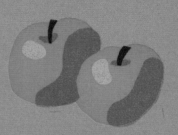

苹果象征着"平安"

发糕象征着"发大财"

点心小巧精致，几口就可以吃完。

肠粉

饺子

面点

中国有许多传统节日，每个节日都有特别的美食，比如端午节的粽子、中秋节的月饼。而要说到最隆重的，莫过于春节了。春节期间，人们在家团聚，准备丰盛的筵席。除夕这天，人们会吃年夜饭，不仅菜品丰富，而且许多菜都有特别的寓意。从大年初一开始，人们走亲访友，互相宴请，并举办庙会等活动，春节会从大年初一一直持续到正月十五。

在中国古代传说里，有一种叫作"年"的怪兽，它生活在海底，头上长着角。除夕之夜，"年"会跑上岸来，四处找吃的。人们会放起鞭炮，把"年"吓走。为了庆祝胜利，便有了过年的习俗，后来也有了吃年夜饭的传统。

印度

印度菜喜欢把各种当地食材混合在一起制作，里面有草药、蔬菜、水果，当然，更少不了香辛料。

印度芝士球

那瓦拉丹
（白咖喱烩什蔬）

普里
（炸薄饼）

马萨拉酱，俗称咖喱，一种特殊的混合调味料，是印度菜的基础调味料。马萨拉酱有粉状的，也有糊状的。在印度，有很多不同种类的马萨拉酱。

马萨拉酱

马萨拉茶

马萨拉茶是一种香甜又辛辣的滚烫奶茶，里面用的马萨拉酱是用绿色小豆蔻、桂皮、丁香粉、姜粉、黑胡椒粒等制成的。

拉西酸奶奶昔

印度各地的小吃和美食

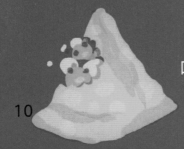

咖喱角

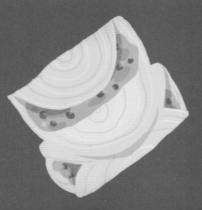

多莎饼

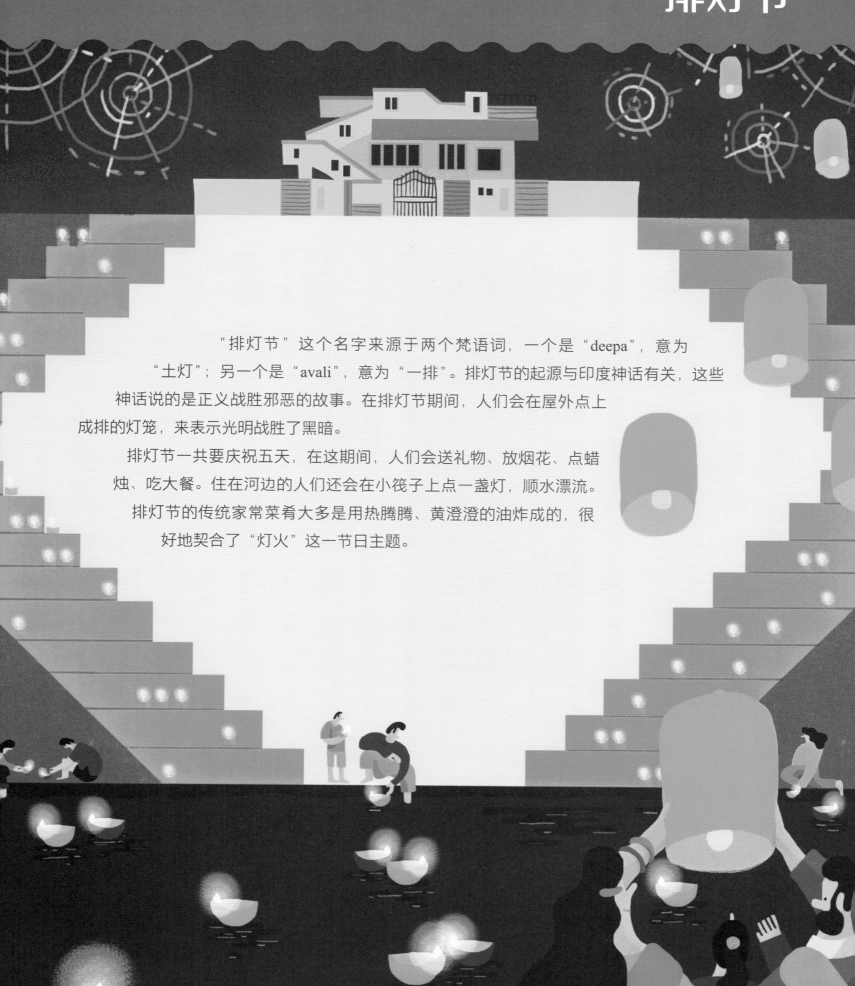

"排灯节"这个名字来源于两个梵语词，一个是"deepa"，意为"土灯"；另一个是"avali"，意为"一排"。排灯节的起源与印度神话有关，这些神话说的是正义战胜邪恶的故事。在排灯节期间，人们会在屋外点上成排的灯笼，来表示光明战胜了黑暗。

排灯节一共要庆祝五天，在这期间，人们会送礼物、放烟花、点蜡烛、吃大餐。住在河边的人们还会在小筏子上点一盏灯，顺水漂流。

排灯节的传统家常菜肴大多是用热腾腾、黄澄澄的油炸成的，很好地契合了"灯火"这一节日主题。

日本

日本是一个岛国，有许多岛屿，所以这里的海鲜品种很丰富。日本最著名的食物就是寿司。黏黏的寿司米加上其他配料，比如海鲜或者蔬菜之类，一起裹在海苔里，就成了寿司。寿司师傅可能会花上一辈子的时间，不断提升自己的制作技艺，做出各种形状漂亮、色彩鲜明、口味丰富的寿司。

什么是便当？

把食物放进精心装点过的盒子里打包好，就成了便当。便当盒里的食物可以摆成动物、卡通角色等造型，所以制作一份便当，要花上不少时间和心思呢。

五种味觉

我们的五种味觉分别是：甜、酸、咸、苦、鲜。而辣是一种痛觉，不是味觉。

很久以前，日本人相信神明住在樱花里。当樱花开放时，人们就会到树下聚会，祈求一年丰收，宣布水稻种植季的来临，同时也欢庆春天的到来。这个古老的风俗叫作"Hanami"，意为"赏花"，如今，日本依旧保留着这样的风俗。

樱花点心

在樱花节期间，许多点心和饮料里会添加樱花。

饭团

饭团可以捏成各种有趣的形状，是最受欢迎的野餐食品。

摩提

摩提，又称大福，是一种甜甜的糯米糕。有一种摩提是将樱花叶子用盐腌制以后磨碎了，加在红豆馅里面，称为樱花摩提。

泰国

杜果的甜味和金黄色泽
象征着欣欣向荣。

在泰国，几乎每道菜
都混合了咸、甜、辣、酸
这几种口味。

宋干节上的美食

泰式蛋卷

杜果糯米饭

泰式鸡肉沙拉

泰国的新年叫"宋干节",也叫泼水节。这个节日有个好玩又欢乐的主题——水。为了欢庆新的一年的开始,人们会在街上玩水枪,或是用桶装着冰水互相泼来泼去。

在泰国,人们用同一个词来表示米饭和其他食物——"khao"。米饭是泰国人最常见也最重要的食物,他们一日三餐都离不开米饭。泰国人打招呼时常会说:"您吃过米饭了吗?"(泰语为:kin khao reu yang?)

土耳其

今天的土耳其横跨欧亚，其美食深受历史上奥斯曼帝国的影响。奥斯曼帝国是历史上疆域最大、统治时间最长的帝国之一。在伊斯坦布尔的苏丹王宫里，住着好几千人，需要1300多个仆从来给他们做饭。当时，玫瑰花是常用的调味材料。如今，鲜花依然作为调料，出现在冰激凌、果酱和土耳其软糖里。

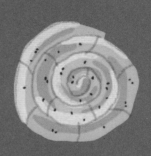

土耳其薄饼

土耳其薄饼是一种多层酥皮馅饼，馅料为肉或者奶酪，一般作为早餐。

土耳其烤肉串

烤肉串是将肉和蔬菜一起串在铁签上烤，是土耳其有代表性的食物。

酸奶

很久以前，牧民把牛奶存放在羊皮袋里，很快，他们发现牛奶变酸变稠了。酸奶（yogurt）这个词，就是来自土耳其语"yoğurmak"，意思是"变稠"。土耳其咸酸奶（Ayran）是一种在当地很受欢迎的酸奶饮料，可以在用餐时慢慢品尝。现在，全世界都能喝到酸奶，它们的味道有酸的、甜的，还有咸的。

多尔玛（土耳其菜叶包）

多尔玛的意思是"填充"。这道菜的做法，是把肉和菜填进番茄、茄子或者辣椒里。

16

之所以叫糖果节，是因为节日期间
人们会用糖果和甜食招待客人。不过在庆祝糖果
节之前，人们要先度过30天的斋月。在此期间，穆斯林
们白天不吃也不喝。斋月一过，庆典就开始了。糖果节的第
一天，人们早早起床，穿上最好的衣服，一家人坐在
一起吃一顿大餐。之后，孩子们会挨家挨户地祝人
们节日快乐，这样就能收到糖果和巧克力。糖果节
一共持续三天。

伊朗

伊朗过去叫波斯，是世界上最古老的文明古国之一。伊朗美食有着悠久的历史，而且数百年来一直保持着传统口味，几乎没有大的改变。

新鲜而刺激

伊朗人喜欢用各种含酸味的食材给食物调味，比如石榴、柠檬、酸橙。吃完一道菜，人们还会嚼一点新鲜香草，这样吃下一道菜时，嘴里又会恢复清新。

坚果的世界

伊朗是世界上最大的开心果生产国之一。伊朗人把开心果称为"微笑的坚果"。

伊朗的新年称为"诺鲁兹"。新年期间，餐桌上会摆出七种象征希望的食物，叫"七鲜桌"。这七种食物的波斯语都是以字母"S"开头的，分别是漆树（somāq）、大蒜（seer）、苹果（seeb）、沙枣（senjed）、甜麦芽布丁（samanu）、青麦芽（sabzeh），以及醋（serkeh）。桌上还会摆上金鱼缸、玫瑰香水和一本诗集，象征着吉祥。

旧的一年是在"砰砰"的响声中结束的。孩子们穿过大街小巷，用勺子敲打着锅碗瓢盆，还会敲邻居的门，讨要糖果。这个习俗叫作"讨吉利"。

非洲

摩洛哥

尼日利

大

西

洋

埃及

埃塞俄比亚

印

度

洋

香料

胡椒　肉豆蔻　丁香

什么是香料？

香料可能是植物的种子，也可能是植物的果实或者根。香料可以让食物的味道更丰富，颜色也更好看。大多数香料都产自热带地区。

香料贵还是黄金贵？

你知道在中世纪的欧洲，肉豆蔻比黄金还要贵吗？今天，世界上最昂贵、最被人追捧的香料是藏红花，它被称为"红色黄金"。

香料曾经是非常珍贵的，在追寻香料的道路上，许多探险家发现了新大陆。克里斯托弗·哥伦布启航穿越大西洋，就是为了寻找胡椒。

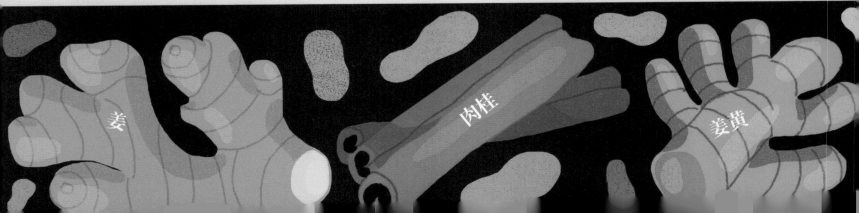

姜　肉桂　姜黄

几千年前，古埃及人就会用香料给食物调味。除此之外，他们还用香料给尸体防腐。人们在制作木乃伊时，会在尸体内塞上八角、孜然等香料。

许多人相信，香料是有益健康的。如果你吃了很多胡椒，就会出汗，这在古代被认为是一种很有效的疗法。在过去，香料还被用来掩盖腐败食物的气味，尤其是肉类。

埃塞俄比亚

埃塞俄比亚美食以味道浓郁辛辣的炖菜而闻名。炖菜里有肉，还有各种蔬菜配菜。这里还是咖啡的原产地。最早的咖啡树就生长在这里。埃塞俄比亚民间甚至流传这样一句谚语："咖啡是我们的面包。"

英吉拉饼

说到埃塞俄比亚美食，怎能少得了英吉拉饼。英吉拉饼是一种松软的面饼，吃的时候先撕下一小块来，将喜欢的配料裹进去，再一口吃掉，吃起来有一种酸爽的口感。制作英吉拉饼的原材料叫"苔麸"，它是世界上最小的谷物。

沃特

沃特（wat）是一种辛辣的埃塞俄比亚炖菜，里面一般有肉、蔬菜和香料。

柏柏尔香料

这是埃塞俄比亚人常用的一种混合香料。

用手喂食

在埃塞俄比亚语中，"gursha"这个词表示用手抓起一捧食物，将它们喂给朋友或家人。这个动作表示热情和关爱。

埃塞俄比亚新年

埃塞俄比亚新年通常在每年的9月11日，称为"Enkutatash"。"Enkutatash"这个词的意思是"珠宝礼物"。传说古代时期埃塞俄比亚的统治者示巴女王在结束对耶路撒冷所罗门王的拜访之后，她的臣民用珍贵的宝石欢迎她的归来。之后，每年的这一天，人们都庆祝新年。

新年这一天也标志着雨季即将结束。所以这个节日是用来感谢雨的，它帮助庄稼生长；也用来表达对即将到来的晴朗日子的期待。当漫长的雨季结束后，高原上开满了野花，孩子们穿上崭新的衣服，跳起舞，互相赠送花束，还将自己的画作送给朋友和家人。

尼日利亚

可乐果

可乐果是可乐树上结的果实，里面含有咖啡因，以前人们曾用它给可乐调味。可乐果味苦，朋友间用分吃可乐果来表达同甘共苦、患难与共的友谊。

木薯

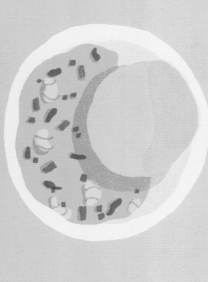

木薯块根含有大量的淀粉，尼日利亚人将木薯捣碎以后做成一种叫馥馥白糕的美食。木薯本身没有什么味道，但如果做成小丸子，浸在不同口味的汤里，就非常美味了。

山药

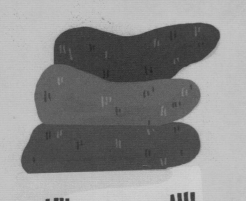

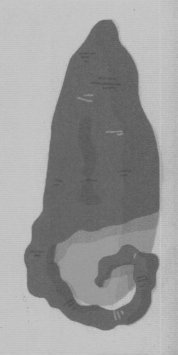

尼日利亚东南部的伊博人会庆祝山药节，这个节日在八月初雨季快要结束时举行。成百上千的人聚到一起，感谢山药的丰收。村里年纪最大的人将品尝这一季收获的第一批山药。

阿尔贡古捕鱼文化节

尼日利亚这个国家的名字来自尼日尔河，尼日尔河穿越西非，全长4200千米。河水可以浇灌庄稼，河里的鱼可以抓来吃，河道里还有载着各种货物的船只来来往往，一片繁忙景象。

阿尔贡古捕鱼文化节是在玛坦法达河畔举办的，一般是在二月份，为期四天。在节日前好几个月，人们会将这条河封起来，把鱼困在河中某一段。等节日开始，成百上千的捕鱼人就跳进河中，将鱼儿们赶进自己的网里。

摩洛哥

古斯古斯面

柏柏尔人是最早生活在摩洛哥的一群人。他们种植橄榄、无花果、椰枣等农作物。柏柏尔人发明了一道菜，叫作古斯古斯面。古斯古斯面是用一种粗粒小麦粉做成的，做的时候在面粉里加水搅拌，使其呈小颗粒状。

摩洛哥综合香料

塔吉锅

塔吉锅既可以指一种炖菜，也指用来炖这道菜的锥形锅。这道菜的做法是将肉和水果、橄榄、腌柠檬、香料放在一起慢慢炖煮。锥形锅可以很好地留住蒸汽，将食物炖得软烂。

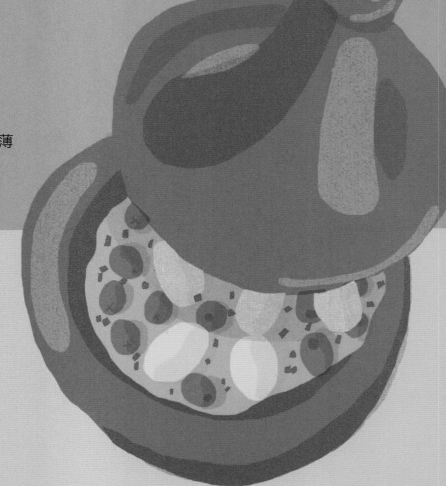

饮茶

在摩洛哥，每餐之后都会上薄荷茶。备茶和倒茶都是一门艺术。

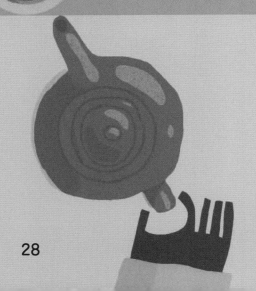

杏花节

早春二月，摩洛哥各地的山坡上开满了杏花。每到这时，人们就会来到摩洛哥的杏仁生产之都——泰夫劳特镇，庆祝杏花盛开。他们唱歌、跳舞、讲古老的故事、喝薄荷茶，还会吃很多杏仁。

摩洛哥美食里的甜杏仁

摩洛哥杏仁蛇糕

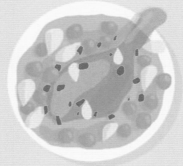

杏仁鸡肉塔吉锅

杏仁三角酥饼

埃及

今天，大部分埃及美食和古埃及时期非常接近。古埃及人的坟墓里、神庙里，都有关于盛宴的壁画和雕画。从画面可以看到，宴席上有肉、水果，还有蜂蜜蛋糕，这些都显示出他们对于美食的热爱。埃及金字塔里还发现了蒜，人们认为，这些蒜是给金字塔的建筑工人们吃的，可以让他们身体强壮、少生病。

埃及每年都有大雨，尼罗河的水会涨起来。河两岸是肥沃的土壤，上面生长着茂盛的庄稼。古埃及人崇拜哈比神，认为是他让尼罗河泛滥的。

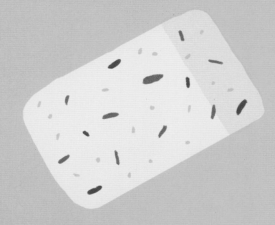

哈尔瓦（芝麻蜜饼）

哈尔瓦是一种用芝麻做成的甜点，它不像巧克力，即使在天气炎热时也不会融化。

阿伊施

在阿拉伯语里，人们把面包叫作"阿伊施"，它的含义是"生命"。这种面包是中空的，对半切开后可以像勺子一样用来舀食物吃。

富尔

富尔是一种煮烂的蚕豆，古代埃及人就开始吃这种食物了。今天人们在吃富尔时一般会配上一块阿伊施。

闻风节预示着春天的来临，在埃及已经有5000多年的历史了。在这一天，人们早早起床，出门看日出，并在外野餐，菜单上有咸鱼、洋葱、鸡蛋等传统节日食物。

咸鱼

节日期间，人们会吃一种叫作"Fesikh"的咸鱼，做法是先把鱼晒干，然后放在装满盐的大桶里腌上45天。这种咸鱼在古埃及法老时期就出现了，当时人们发现尼罗河水回落时，会在撤退的路径上留下许多腐烂的鱼。

洋葱

在埃及的传说中，有位法老的女儿患上了无法医治的怪病，医生们全都束手无策，最后，一位大祭司给她开了一味药——洋葱汁，治好了她的病。法老非常激动，便宣布将这一天作为纪念洋葱的官方节日。

欧洲

大

西

洋

北海

英国

法国

西班牙

地中海

瑞典

德国

意大利

黑海

谷物

谷粒是某些草本植物的种子，它们又小、又干、又硬，所以储存起来很方便。庄稼丰收后，多余的谷粒会被储存起来，留着以后吃。许多人认为，很久以前，谷农就住在他们的田地附近。很快，这些地方就出现了聚居地和村落。

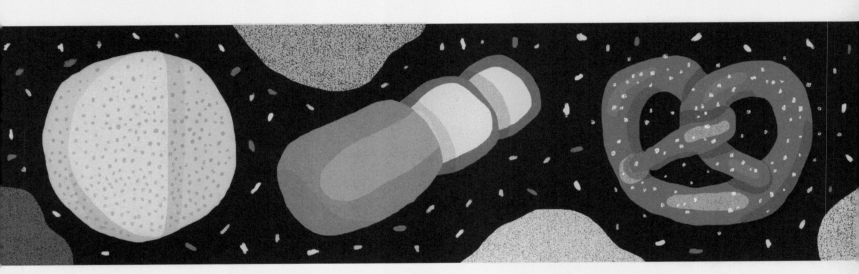

谷物可以做成什么食物？

谷粒磨成粉，可以用来做各种各样的面食，比如面包、面条、燕麦片、墨西哥玉米饼，当然啦，还有蛋糕！

小麦

大麦

世界各地生长着各种各样的谷物，几乎每种文明中都有谷物做的食物。图中是一些常见的谷类植物。

燕麦

玉米

小米

法国

法国生产的奶酪种类繁多，每天吃一种，一年都不会重样。而卡蒙贝尔奶酪就是其中最为特别的一种，它是在法国大革命期间出现的。据说，卡蒙贝尔镇的一位奶酪师曾经救过一位牧师，为了表达感谢，牧师告诉了他制作白色软奶酪的秘密。受到牧师的启发，这位奶酪师开发出了自己的配方，这就是后来著名的卡蒙贝尔奶酪。

英语中，表示"烹饪"的"cuisine"一词就来自法语。

布里干酪

卡蒙贝尔奶酪

法棍面包

曾经，法律是不允许面包师在早上四点前工作的，这就意味着人们没有足够的时间来烤那种厚厚的面包作为早餐。那么，面包师该怎么办呢？他们设计出了一种又长又薄的条状面包，这样可以烤得快一点。法棍面包就这样诞生了。

7月14日是法国的国庆日，又叫巴士底日，是法国人举国欢庆的日子。在1789年的这一天，巴黎人民攻占了巴士底狱（一座堡垒兼监狱），推翻了国王和王后，夺回了统治权。许多人将这个事件看成是法国大革命的开始。

一般来说，在国庆日前一天晚上，会有盛大的舞会和宴会。到了国庆日早晨，巴黎会举行欧洲最盛大、历史最悠久的阅兵仪式。下午，人们来到街上庆祝。这一天的简餐一般包括新鲜的法棍面包、车轮奶酪，还有法式午餐肉。庆祝活动一直持续到夜晚，直到五颜六色的烟花照亮法国的上空，人们才依依不舍地离开。

法式午餐肉

法棍面包

车轮奶酪

意大利

意大利的美食以简约、美味而闻名，许多菜仅仅由两到四种主要食材组成。意大利面是意大利美食的重要组成部分之一，意大利面的形状有450多种，而搭配意大利面的酱汁也有500种之多。

大部分意大利面是用杜兰小麦制成的。

皇家比萨

比萨最早出现在意大利的那不勒斯市，当时是供忙碌的工人食用的。后来，传说玛格丽特女王命令一位比萨师傅在比萨上装点白色的马苏里拉奶酪，红色的番茄，还有绿色的罗勒，而这三种颜色恰好是意大利国旗上的颜色。女王非常喜欢这道美食，从此这种比萨也就以她的名字命名：玛格丽特比萨。

意式冰激凌

意式冰激凌（Gelato）比普通冰激凌加入的牛奶更多，而奶油和鸡蛋的成分会减少。制作意式冰激凌时，搅拌速度要很慢，因此打入的空气比普通冰激凌少很多，所以质地非常密实。在意大利南部，人们将这种冰激凌卷在奶油蛋卷面包里吃。

狂欢节

在狂欢节期间，人们会举行聚会和宴会，街道上到处是游行队伍和花车。人们戴着炫丽的面具，跳着舞。这个节日标志着四旬斋的开始，四旬斋持续40天，直到复活节。在四旬斋期间，人们会进行斋戒，不吃美味的食物，比如肉、蛋，还有黄油。

在意大利的不同城市，庆祝狂欢节的方式也各不相同。在伊夫雷亚，人们举行橘子大战——要砸掉大约400吨橘子，然后坐下来吃鳕鱼和玉米粥；在法诺，人们扔糖果、甜点等来庆祝；在维罗纳，人们会举行一场纪念"Gnoco爸爸"的游行，"Gnoco爸爸"是一位大胡子国王，喜欢吃一种叫作"gnocchi"的土豆团子。

意式生牛肉沙拉

这道菜叫"Carpaccio"，做法是将生牛肉切片，淋上橄榄油和柠檬汁。

瑞典

瑞典北部的北极地区被称为"午夜阳光之地",因为在夏天,这里的太阳永远也不会落下,哪怕是在午夜。

维京人

瑞典曾经是维京人的领地。这些海上掠夺者需要的,是在漫长的海上航行中不容易变质的食物。于是,1000多年前,斯堪的纳维亚地区就有了熏制和腌制食物的传统。如今,瑞典人的菜单上仍然有大量的腌肉、腌鱼、腌水果和腌蔬菜。

小龙虾派对

在瑞典语中,"Kräftskiva"的意思是"小龙虾派对"。在温暖的八月夏夜,人们会在户外,比如花园或湖边,享用一盘盘鲜红的小龙虾。

仲夏节

仲夏节意味着夏日来临，万物生长。人们会用绿叶装点屋子，有的甚至用蕨类植物裹住自己，把自己打扮成"绿人"。除此之外，人们还会手拉着手，在传统舞曲的伴奏下，翩翩起舞。

仲夏节是和朋友们相聚的节日。这天早晨，人们会采摘鲜花做成花环。此外还有一种习俗，孩子们会采集七种不同的鲜花，睡前放在枕头下。仲夏节的筵席上全是美食，包括腌鲱鱼，还有用新鲜莳萝点缀的、煮好的小土豆。甜点可能是上好的新鲜草莓配奶油。

西班牙

西班牙美食的秘诀，就是充分利用当地最好的食材。在南部地区，当西红柿熟透了，整个儿红彤彤时，人们会把它摘下来做成冷西红柿汤，也叫"西班牙冻汤"（gazpacho）。

西班牙海鲜饭

西班牙海鲜饭是一道用米饭做的美食，最早出现在海边城市瓦伦西亚。它的做法是把藏红花染黄的米跟肉、海鲜、豆子、绿色蔬菜混在一起，做成烩饭。西班牙海鲜饭要用大型平底锅烹调，按照传统一般只在午餐时间供应。

塔帕斯

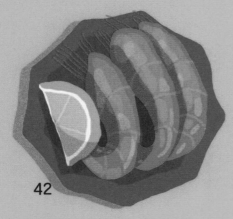

塔帕斯（tapas）是一种小吃，有的是热的、有的是冷的。有了塔帕斯，就可以在一顿饭里吃到很多种不同的食物，这可非常了不起。在西班牙语中，塔帕斯的意思是"盖子"，据说最初是指放在酒杯上的食物，如肉片和面包片等，以免苍蝇飞进酒杯。

三王节是西班牙的儿童节。传说在很久以前，东方来了三个国王——黑脸国王、黄脸国王和白脸国王，他们专门在每年的1月6日给孩子们送礼物，也给人们带来了欢乐和幸福。于是，每年的1月6日，就成了西班牙的三王节。

1月5日的晚上，孩子们会把鞋子留在屋外以便装礼物，因为第二天就是三王节啦！早上孩子们醒来，会发现鞋子里塞满了礼物。接下来的早餐是一个大蛋糕，上面点缀着蜜饯，叫作"三王节蛋糕"。蛋糕里塞着一个用纸包着的小奖品，还有一颗豆子。据说，发现奖品的人就是这一天的"国王"，而吃到豆子的人必须为下一年的蛋糕买单！

香肠之国

德国的香肠多达1500种以上，著名的有伯克肠、猪肝肠、蒜肠、熏香肠、血肠，还有油煎香肠。这些香肠的形状、大小和口味各不相同，可以夹在面包里吃，也可以直接吃；可以早餐时吃，也可以在午餐和晚餐时吃；甚至还可以将香肠切碎，撒在汤里吃。

烘焙食品

德国椒盐卷饼（Pretzel）因其独特的形状而闻名。制作时先将柔软的面团扭成一个结，然后烤至有光泽并呈深棕色，再撒上盐。据说，椒盐卷饼会带来好运。而有些人觉得，椒盐卷饼看起来像一双正在祈祷的手。

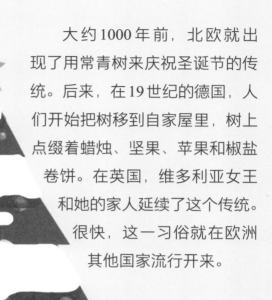

大约1000年前，北欧就出现了用常青树来庆祝圣诞节的传统。后来，在19世纪的德国，人们开始把树移到自家屋里，树上点缀着蜡烛、坚果、苹果和椒盐卷饼。在英国，维多利亚女王和她的家人延续了这个传统。很快，这一习俗就在欧洲其他国家流行开来。

圣诞节庆典从每年11月底的降临节就开始了。每年这个时候，德国许多城镇都会举办大型的圣诞集市，集市上有闪闪发光的圣诞树，播放着一首首歌曲。摊位上出售着各种热饮和食物。

圣诞节当天会有一顿大餐，餐桌上有烤鹅配卷心菜、土豆沙拉配香肠，或者煮鱼。

英国

英国由四部分组成——英格兰、苏格兰、威尔士和北爱尔兰。不同地区有不同的特色美食，当然，也有许多菜品是一样的。

哈吉斯

苏格兰的国菜是哈吉斯，做法是将羊的内脏及调料放到羊肚子里煮熟。

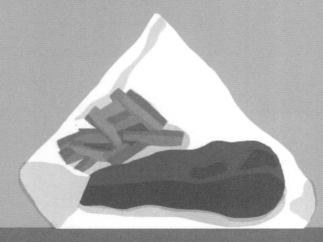

炸鱼薯条

关于这道菜究竟是由谁发明的，有着许多不同的传说，不过可以确定的是，从 19 世纪以来，它就一直是英国人的最爱。

三明治

三明治是以一位英国贵族"三明治伯爵"来命名的。这位伯爵热衷于赌博，不想在玩牌时被食物弄脏双手，便让仆人把肉夹在两片面包之间给他吃，三明治就这样诞生了。

盖伊·福克斯之夜

"记住，记住十一月五日，火药、叛国与阴谋！"这首古老的歌谣讲述的是1605年11月5日发生的事，当时，盖伊·福克斯和一小群人密谋炸毁伦敦的议会大厦，但被及时发现并制止了。

从那以后，为了纪念这次历史事件，一场名为"盖伊·福克斯之夜"（也称篝火节之夜）的庆典诞生了。在这一天，各地的城镇里，到处点燃着篝火，还有大型烟花表演。11月的室外很冷，所以人们会穿上暖和的衣服，聚在一起享用热汤、炖菜、热巧克力，还有太妃糖苹果。

直到今天，每年的11月5日，警卫还会搜查议会大厦，以免出现阴谋叛乱者。

北美洲

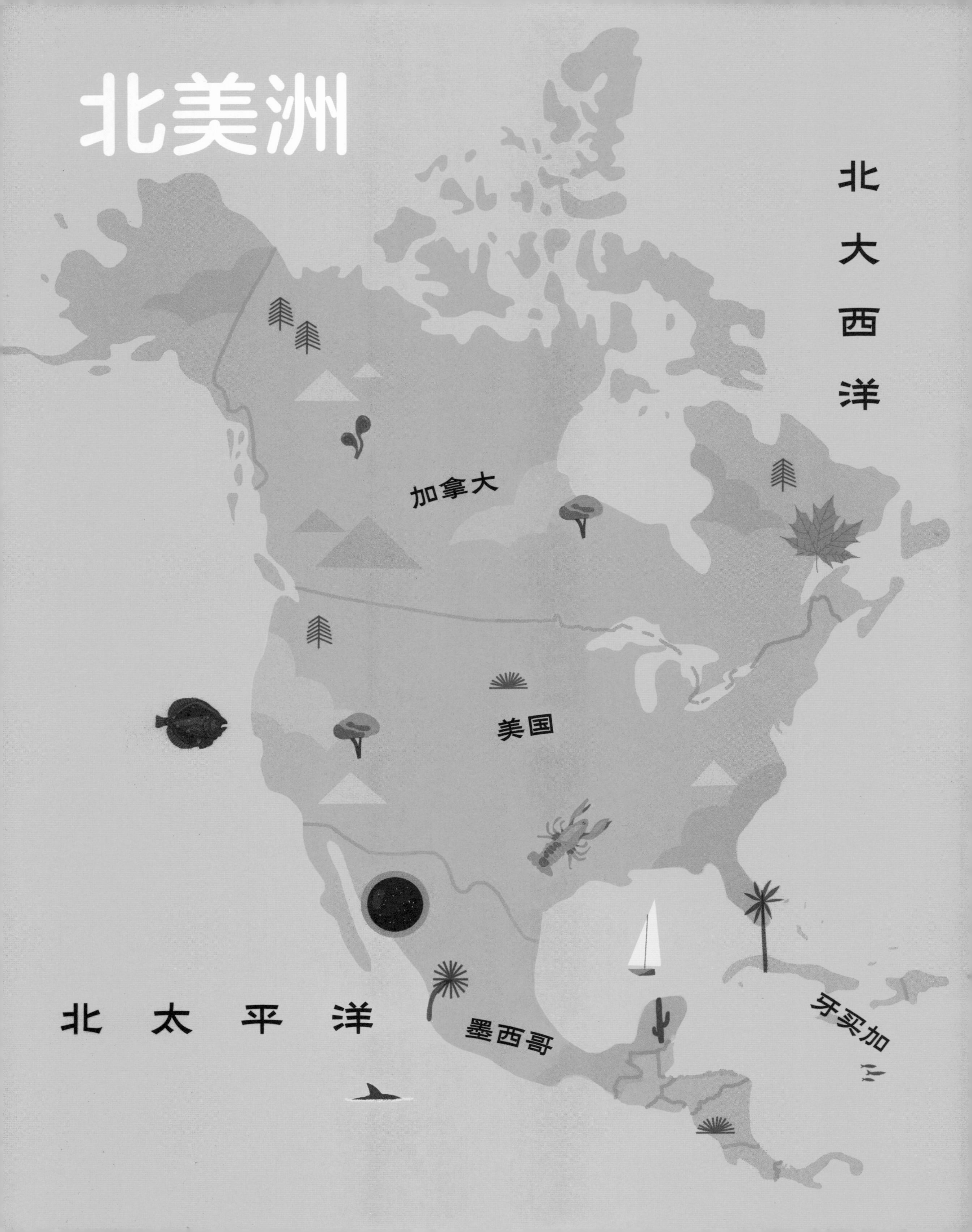

北大西洋

北太平洋

加拿大

美国

墨西哥

牙买加

南大西洋

南太平洋

阿根廷

南美洲

巧克力

人类食用可可已经有几千年的历史。当时，生活在墨西哥中部的阿兹特克人将可可豆烤熟后磨成粉，再加入水、香草、辣椒和其他香料，做成饮料来喝。和我们今天喝的热巧克力相比，这种饮料要苦得多。

1847年，英国弗莱父子公司用可可发明了最早的可食用固体巧克力块。如今，在世界各地，人们在招待客人或举办庆典时都会用到巧克力，此外，巧克力也是送礼的佳品。

1615年，西班牙公主"奥地利的安妮"嫁给法国国王路易十三，同时，这位王后也将她对巧克力的热爱带到了法国。在当时，巧克力还是奢侈品，只有最富有的人才敢用小杯啜饮巧克力。

巧克力的制作过程

巧克力吃起来美味，但做起来难。巧克力来自可可树的果实，可可果是一个大豆荚，里面长着甜甜的白色果肉，果肉里包着大大的豆子，这就是可可树的种子。

1.发酵：将这些黏黏的豆子堆放在盒子里，发酵几天到一周。

2.干燥：将豆子放在太阳下晒干。

3.脱皮：将晒干的豆子敲开，把碎成小块的豆瓣从豆皮里拿出来。

4.烘烤：将碎豆子放进特制的烤箱里烘烤。

5.研磨：将烤好的豆粒放进石磨里研磨，做成浓稠的糊状物。

大多数巧克力都是这样制作的。

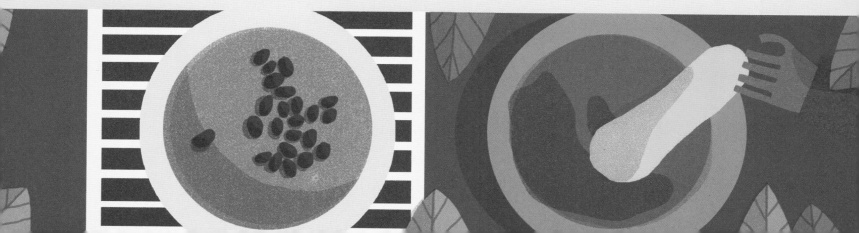

墨西哥

墨西哥美食材料新鲜、色彩丰富，有各种奇妙的口味，大多数菜肴的主味都来源于辣椒。

红辣椒

辣椒

墨西哥生长着150多种不同类型的辣椒，它们的辣度和味道各不相同，有的非常辣，有的不太辣；有的尝起来甜甜的，有的吃起来很呛口。

豆子

墨西哥还生长着大约200种不同品种的豆子，它们的颜色、形状和味道都不一样。

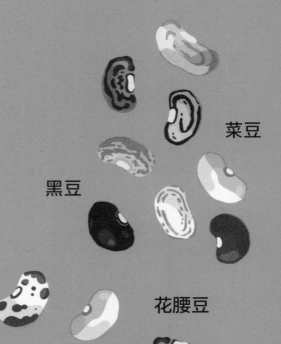

菜豆

黑豆

花腰豆

莫莱

莫莱（mole）这个词来自阿兹特克语"molli"，意思是"酱汁"。墨西哥有几百种不同口味的莫莱酱。

玉米

在墨西哥，还有至少59种原产玉米。有一种用玉米粉做成的面团叫作"玛莎"（masa），许多食物制作时都会用到它，包括像煎饼一样的墨西哥玉米饼，以及墨西哥玉米面团包馅卷（用玉米面团配上肉馅，再用香蕉叶或者玉米叶裹住制成）。

墨西哥亡灵节

亡灵节来源于古代阿兹特克人的传统，它于11月1日和2日举行，庆祝方式类似于家庭聚会，不过招待的"贵客"是已经去世的家人。先要在家里搭一座祭坛，摆好蜡烛，这样可以让灵魂找到回家的路。祭坛上还放着死者的一些重要物品，当然也包括他们喜欢的食物。

接下来，一家人会前往墓地举行盛大的聚会，聚会上有丰盛的筵席。他们会打扫墓碑，唱歌聊天。

亡灵面包

这是一种特殊的甜面包，上面通常会有面团做的骨头形状的花纹，或者直接烤成头骨的形状。

牙买加

牙买加是一个沐浴在阳光里的岛国。在热带气候下，杧果、菠萝、番木瓜、香蕉、番石榴、椰子、阿奇果和大蕉等水果都长得非常好。

甘蔗

大多数糖类都是用甘蔗汁制作的。生甘蔗去皮后，可以当成甜味小吃食用，还可以将它榨碎，做成可口的饮料。

阿奇果

阿奇果是牙买加的国果，它是一种鲜红色的热带水果。当它成熟时，就会裂开，里面是绵软的黄色果肉，这是它唯一可以食用的部分。如果在未成熟前食用阿奇果，果肉中的有毒物质会导致人中毒。

阿奇果咸鱼饭

阿奇果咸鱼饭是牙买加的国菜。做法是将干咸鱼在水里浸泡，然后加上阿奇果和香料一起烹饪，早餐或晚餐时吃。

牙买加独立日

甘蔗

每年的8月6日，牙买加人都会庆祝他们1962年脱离了英国的殖民统治，获得独立。

在庆典期间，牙买加人会宣扬他们的文化和美食。人们在街上跳舞，小贩们在街头售卖美食，艺术家们也会举办画展。

牙买加烤鸡

牙买加人做烤鸡时，会在鸡肉里加入各种香辛调味料，然后放在火上慢慢烤，这种烹饪方式叫作"jerking"。牙买加烤鸡如今已成为牙买加美食中不可或缺的一部分。

阿根廷

阿根廷西部是山地，东部和中部是广袤的潘帕斯草原。这里有着大型的牧场，阿根廷的牛仔们（又叫高乔人）骑着大马赶着漫步的牛群。阿根廷的牛肉举世闻名。

阿根廷舞蹈

许多阿根廷人会去舞蹈班学跳探戈，这是一种很难掌握的舞蹈。

恩帕纳达斯饼

恩帕纳达斯饼（Empanadas）是一种塞满牛肉、奶酪或蔬菜的小馅饼，外形酷似饺子，阿根廷人把它当零食吃，孩子们则把它带去学校当午饭。

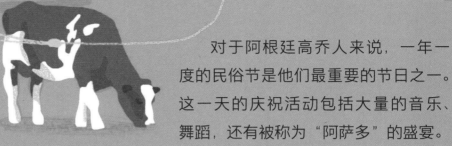

对于阿根廷高乔人来说，一年一度的民俗节是他们最重要的节日之一。这一天的庆祝活动包括大量的音乐、舞蹈，还有被称为"阿萨多"的盛宴。

在西班牙语中，"阿萨多"是"烤肉"的意思。人们将肉串在烤肉叉上，或者放在大烤架上烘烤。此外，还有很多其他食物可以选择。这是朋友和家人们的聚餐时光。

美国

美国拥有广大的国土。从深南部*的炸鸡和玉米面包，到中西部的烤牛排，再到三面环水的佛罗里达州的大量新鲜海鲜，每个州的食物风格都大不相同。

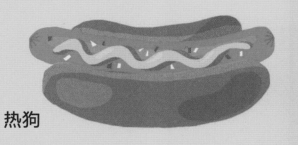

热狗

千百年来，在世界各地，街头小吃一直是外出就餐的简便选择。时至今日，美国已经对外卖食品做了很大的改善。

*美国深南部（deep south），又叫南方腹地，是美国南部的文化与地理区域名称，一般包括佐治亚州、亚拉巴马州、密西西比州、路易斯安那州和南卡罗来纳州等。

墨西哥卷

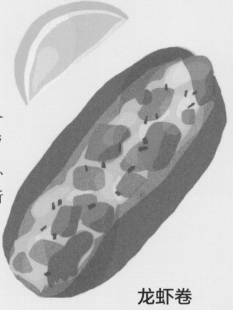

龙虾卷

百吉饼是一种环形的面包圈。这种中间有个洞的设计已经有几百年的历史了，最早起源于波兰的犹太人社区。纽约百吉饼在北美广受欢迎，被认为是世界上最好吃的百吉饼之一，它在烘烤前要先放进水里煮沸。

汉堡包

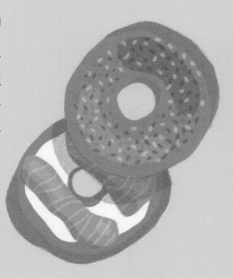

百吉饼

感恩节

美国感恩节在每年11月的第四个星期四到来。感恩节期间，人们和所爱的人相聚，一起做饭、一起吃饭，同时对自己拥有的一切表示感激。

感恩节起源于秋收节。在这个节日里，人们会庆祝并感谢丰收，这让他们在冬天有大量美味的食物可以吃。

今天，感恩节仍然是用来表达感谢的节日，而做一顿丰盛的大餐就是一个很好的表达方式。这顿大餐包括许多美味的食物，火鸡、土豆和南瓜饼只是人们最常吃的几种。

加拿大

加拿大是北美洲最北部的一个幅员辽阔的国家。这里虽然有着漫长而严寒的冬天，但仍然出产美味的食物。

肉汁奶酪薯条

枫糖浆

早餐时，人们将枫糖浆倒在一大沓煎饼上。这种甘甜的汁液也可以用来腌制火腿，加在豌豆汤里，或者烤成甜馅饼。

肉汁奶酪薯条

肉汁奶酪薯条是加拿大的特色小吃，做法是在薯条上倒上肉汁和软奶酪凝乳。

小提琴头

晚春，人们到森林里采摘小提琴头——一种林地蕨类植物的美味新芽。之所以叫这个名字，是因为它们看起来像小提琴琴把上卷曲的部分。人们把它们当作春天的绿色蔬菜食用，每年只有几周时间能采到它。

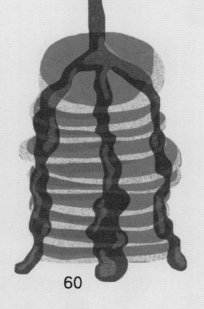

加拿大枫糖节

枫叶是加拿大的象征，而枫糖浆就是枫树流出来的甜汁制作的。每年三月，天气开始变暖时，枫树液开始在树中流动。这时人们采集汁液制作枫糖浆、太妃糖等美食，开始庆祝枫糖节。

先在枫树上钻孔，然后把"水龙头"塞进去收集枫树汁。把收集的树汁煮开，让水分蒸发，就形成了黏稠的枫糖浆。每生产1升糖浆，需要40多升枫树汁！

如果将枫树汁煮得更久一点，就会得到一种糖果——枫太妃糖。柔软的糖浆放进雪里，就会冷却凝固。

大洋洲

澳大利亚

印　度　洋

太平洋

塔斯曼海

澳大利亚

澳大利亚是一个国家，同时也是一整块大陆，因此它有着自己独特的生态系统，这里出产的某些食物，在世界上其他任何地方都找不到。

丛林美食

丛林美食是澳大利亚本土特有的美食。澳大利亚原住民在澳大利亚生活了60000多年，这片土地上的哪些猎物或者作物能放心食用，他们可是一清二楚。这些食物中，有很多人们今天还在吃。

甜品

有一种生活在树下巢穴中的蜜蚁，它们会把蜜储存在腹部，当地妇女会把它们身上的蜜吸出来当甜品吃。不过这可不容易，这些巢穴有的有两米深，要想从里面弄到一捧蚂蚁，要挖上好久好久。

澳大利亚圣诞节

澳大利亚的圣诞节也是12月25日，不过对他们而言，这时正是仲夏。孩子们的暑假从12月中旬一直持续到第2年的2月初，所以在圣诞节期间，有些人甚至可能会露营。大部分家庭会在圣诞节时尽量聚在一起，主餐通常是在中午吃。圣诞节吃冷餐是很常见的，也有人会吃大虾和龙虾等海鲜烧烤，再加上"传统英式"食品。

一起开吃吧

在世界各地，有许多种不同的饮食习惯和方式，也有很多种不同的餐具。

怎样用手吃饭

1. 首先要把手洗得干干净净。
2. 用右手指尖把食物拌匀。
3. 把一小块食物捏成球形。
4. 用右手的后三根手指和大拇指一起配合，把食物抓起来，再送进嘴里。

如何使用筷子

1. 先把手伸出来，就好像你要和别人握手一样。

2. 把一根筷子压在大拇指下。

3. 用食指和大拇指夹起第二根筷子。

4. 弯曲手指，把小指和无名指垫在下面那根筷子下。

5. 把中指垫在高一点的那根筷子下面，起到杠杆作用。

6. 或上或下地移动高一点的那根筷子，用两根筷子来夹取食物。

握刀叉有不同的方法

欧式：用两只手分别握住刀叉，用它们来将食物切块，然后吃下去。

美式：叉子会在两手间换来换去。切食物时，用一只手握住叉子，另一只手握住刀子切食物，然后换一只手拿住叉子，将食物送进嘴里。

全球

北美洲

南美洲

你能找出下面这些食物分布在
世界哪些地方吗？

- 大豆
- 小麦
- 甘蔗
- 巧克力（可可）
- 小龙虾
- 大米
- 肉桂

名词解释

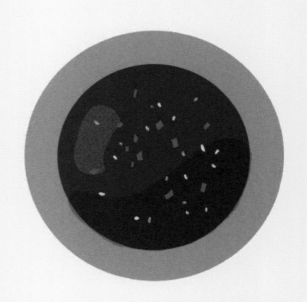

漆树 | 一种开花植物，果实可以晒干磨成粉，在伊朗等国家被用作烹调香料。

莫莱 | 一种经典的墨西哥酱汁，在墨西哥有数不清的版本，根据地理位置、地区偏好和家庭传统的不同，其颜色、浓度、成分和用法也各不相同。这种酱汁里可以包含多达30种配料。

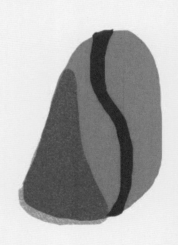

石榴 | 一种圆形的水果，里面的种子酸酸甜甜的，可以吃，也可以用来给菜肴添加酸甜的口味。

蚕豆 | 一种长长的豆荚，里面长着大大的绿色豆子。大多数时候，人们会先把豆子剥出来，然后做成菜。

可乐果 | 可乐树的果实，曾是制作可乐的原料之一。因味苦，非洲人通过分享可乐果表达愿同甘共苦之情。

杜兰小麦 | 一种生长在干旱地区的硬质小麦，磨成面粉后一般用来做意大利面。

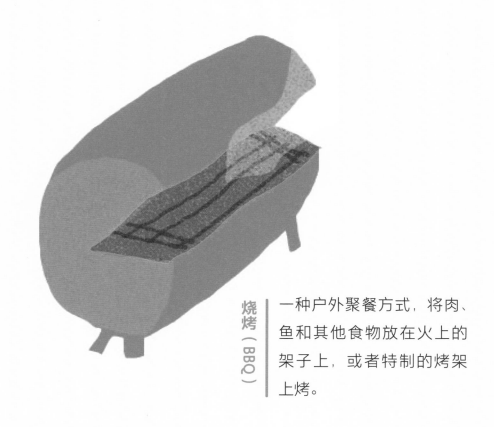

烧烤（BBQ） | 一种户外聚餐方式，将肉、鱼和其他食物放在火上的架子上，或者特制的烤架上烤。

高乔人 | 他们是技艺娴熟的骑手，以勇敢和不羁而著称。有一些故事对他们进行了热烈的赞美。高乔人已经成为一些南美国家文化传统的代表。

太妃糖苹果 | 在北美又被称为"糖苹果"，是一整个苹果的外面裹着一层硬质太妃糖糖衣，上面还插着一根棍子作为把手。

甘蔗 | 一种热带草本植物，茎又长又结实，上面有节，可以提取糖分。

大豆（又叫黄豆） | 一种原产于东亚的植物，结的豆子可以吃，所以被广泛种植，用途广泛。

土耳其软糖 | 一种黏黏的凝胶状糖果，一般是用糖浆和玉米粉做的，外面撒了糖霜，通常还会加玫瑰水调味。

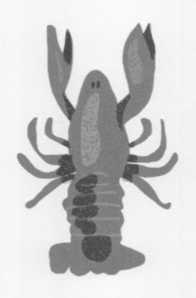

孜然 | 一般指孜然（也叫安息茴香）这种植物晒干后的种子。几千年来，它一直被用作香料，有着浓郁甚至辛辣的味道。

小龙虾 | 一种夜间活动的甲壳类动物，看起来像小型的龙虾，生活在溪水与河流中。

藏红花 | 也叫番红花，一种常见的香料。

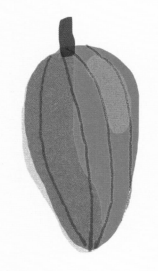

可可 原产于美洲的一种热带常绿乔木可可树的种子，可以做成可可粉、可可脂和巧克力。

肉桂 用常绿植物肉桂的树皮做成的香料。肉桂皮晒干后会卷起来。肉桂可以磨成肉桂粉。

腌肉 腌制的肉类。腌制是一种防止肉类、鱼类和蔬菜等食物变质的方法，做法是在食物中放盐，将其中的水分提取出来。

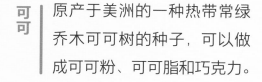

伊斯兰斋月 伊斯兰历法的第九个月，在斋月里，每天日出到日落期间，教民们不吃不喝，直到太阳西沉才进餐。

大米 水稻的种子。世界上的人工栽培稻有亚洲稻和非洲稻两种。

块根 植物根的一种，由侧根或不定根的局部膨大而形成。